BEI GRIN MACHT SICH IHR WISSEN BEZAHLT

- Wir veröffentlichen Ihre Hausarbeit, Bachelor- und Masterarbeit

- Ihr eigenes eBook und Buch - weltweit in allen wichtigen Shops

- Verdienen Sie an jedem Verkauf

Jetzt bei www.GRIN.com hochladen und kostenlos publizieren

Julia Hetzel

Aus der Reihe: e-fellows.net stipendiaten-wissen

e-fellows.net (Hrsg.)

Band 354

Carl Friedrich Gauß - Lösungsverfahren linearer Gleichungssysteme

GRIN Verlag

Bibliografische Information der Deutschen Nationalbibliothek:

Die Deutsche Bibliothek verzeichnet diese Publikation in der Deutschen National-
bibliografie; detaillierte bibliografische Daten sind im Internet über http://dnb.d-
nb.de/ abrufbar.

Impressum:

Copyright © 2008 GRIN Verlag GmbH
Druck und Bindung: Books on Demand GmbH, Norderstedt Germany
ISBN: 978-3-656-09491-3

Dieses Buch bei GRIN:

http://www.grin.com/de/e-book/184416/carl-friedrich-gauss-loesungsverfahren-
linearer-gleichungssysteme

GRIN - Your knowledge has value

Der GRIN Verlag publiziert seit 1998 wissenschaftliche Arbeiten von Studenten, Hochschullehrern und anderen Akademikern als eBook und gedrucktes Buch. Die Verlagswebsite www.grin.com ist die ideale Plattform zur Veröffentlichung von Hausarbeiten, Abschlussarbeiten, wissenschaftlichen Aufsätzen, Dissertationen und Fachbüchern.

Besuchen Sie uns im Internet:

http://www.grin.com/

http://www.facebook.com/grincom

http://www.twitter.com/grin_com

Carl Friedrich Gauß – Lösungsverfahren linearer Gleichungssysteme

GFS Mathematik

Biografie und das Gauß-Verfahren

Julia Hetzel
12.1 2007/2008

Inhaltsverzeichnis

1.　Biografie

a.　(Johann) Carl Friedrich Gauß als Mensch[1][2][3]

Motto: „pauca sed matura"[4] = Nur Weniges, aber Reifes

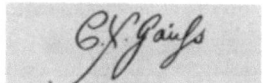

links: Porträt des jungen Gauss

rechts: Gauss im Alter

Abbildung 1[5]

1777	30. April: Geburt in Braunschweig; Eltern: Gerhard Dietrich Gauß (1744–1808) und Dorothea Gauß (1743–1839); keine (leiblichen) Geschwister (einen Stiefbruder)
1784 – 1792	Schulzeit (schon in der Grundschule beeindruckte er durch sein mathematisches Talent)
1792 – 1795	Begabtenstipendium in Braunschweig
1795 – 1798	Studium an der Universität in Göttingen: Mathematik, Astronomie, Physik
1798–1799	Rückkehr nach Braunschweig
1799	Promotion
1800 – 1801	Arbeit als Privatlehrer
1802	Mitglied der Akademie der Wissenschaften zu St. Petersburg; Mitglied der königlichen Gesellschaft der Wissenschaften (heutige Akademie der Wissenschaften) zu Göttingen
1805	Heirat mit Elisabeth Rosina Osthoff (1780–1809)
1806	Geburt des ersten Kindes Carl Joseph

---

[1] Vgl. (Wittmann) S.11-15
[2] Vgl. (Heimpel, Heuss und Reifenberg) S.26
[3] (Schülerduden, Mathematik) S. 144 - 146
[4] (Carl Friedrich Gauß)
[5] (Carl Friedrich Gauß)

ab 1807	Professor und Direktor der Sternwarte Göttingen
1808	Geburt des zweiten Kindes Wilhelmine
1809	Geburt des dritten Kindes Ludwig
1810	2. Heirat mit Friederica Wilhelmine Waldeck (1788–1831)
1811	Geburt des vierten Kindes Eugen
1813	Geburt des fünften Kindes Wilhelm
1816	Geburt des sechsten Kindes Therese; Ernennung zum Königlichen Hofrat
1820	Mitglied der Académie Royale des Sciences in Paris, Mitglied der Royal Society of Edinburgh; Landvermessung des Königreichs Hannover
1831–1833	Professor der Physik in Göttingen
1846	Dekan der Philosophischen Fakultät
1849	Ehrenbürgerschaft der Städte Braunschweig und Göttingen
1855	23. Februar: Tod in Göttingen

b. Über Gauß[6]

"[...]und mit Felix Klein antworten dürfen, daß es das Gleichgewicht zwischen mathematischer Erfindungskraft, Strenge der Durchführung und praktischem Sinn für die Anwendung bis zur sorgfältig ausgeführten Beobachtung und Messung und endlich die vollendete Form der Darstellung sei, die sein Werk kennzeichnen [...]"

"[...] Archimedes, Newton und Gauß [...] die drei Heroen ihrer Wissenschaft [...]"

"[...] ,daß es für ihn zwei verschiedene ursprüngliche Quellen mathematischen Denkens gegeben hat: die aus der Anwendung der Mathematik entstehenden geometrisch-analytischen Probleme und die reinen arithmetisch-algebraischen Probleme[...]"

c. Astronomie[7][8][9]

- Berechnung der Bahn eines Planeten als Ellipse (1801)
- „Theoria motus corporum coelestium"[10] (1809): Theorie der Bewegung der Himmelskörper
- „Methode der kleinsten Quadrate" (1809): aus verschiedenen Messungen derselben Größe werden geeignete Mittelwerte gebildet
- Bestimmung des Grundschemas der Geodäsie[11]
- „Determinatio attractionis,..."[12] (1818): über die Störungen der Bahnelemente eines Planeten
- *„Untersuchungen über Gegenstände der Höheren Geodäsie"[13]* (1843)

---

[6] (Heimpel, Heuss und Reifenberg) S.26
[7] Vgl. (Heimpel, Heuss und Reifenberg) S.26
[8] Vgl. (Duden)
[9] Vgl. (Wittmann) S.11-15
[10] (Wittmann) S.13
[11] Def.: „**Geodäsie** *[griechisch]* die, Vermessungskunde, die Wissenschaft von der Ausmessung und Abbildung der Erdoberfläche" (Meyers)
[12] (Wittmann) S.13
[13] (Universität Hamburg)

d. Physik und Geophysik[14][15]

- Erfindung des Heliotrops (1820): *„Sonnenspiegel zum Sichtbarmachen entfernter Vermessungspunkte"*[16]Dies wurde bei der Landvermessung des Königreichs von Hannover benutzt.

- Erfindung des elektromagnetischen Telegraphen gemeinsam mit dem Physiker Wilhelm Weber (1833)

- Begründung der Messung magnetischer Kräfte und die Bestimmung der absoluten magnetischen Maßeinheit aus den Einheiten von Masse, Länge und Zeit
- „Intensitas vis magneticae terrestris ad mensuram absolutam revocata"[17]: Theorie des Erdmagnetismus und die Theorie der magnetischen Kräfte (1833)

e. Mathematik[18][19]

- Entwicklung des arithmetischen und des geometrischen Mittels in Potenzreihen (ab 1792)
- „mathematisches Tagebuch" (1796 – 1814): u.a. der Beweis für die Konstruierbarkeit des regelmäßigen 17-Ecks
- Promotion (1799): Beweis des Fundamentalsatzes der Algebra *(„Jede Gleichung n-ten Grades hat n komplexe Lösungen"*[20]*)*
- Entwicklung der „Gauß'schen Osterformel" (1800)
- " Disquisitiones Arithmeticae"[21] (1801): mathematisches Hauptwerk (Gegenstand: Entdeckung der Primzahlen auf Grundlage der natürlichen Zahlen)
- Gauß-Verfahren zum Lösen von linearen Gleichungen (1809)[22]
- unendliche Reihen (1812)
- hypergeometrische Reihen (1813)

- Methode zur genäherten Integration (1814)
- „Gauß'sche Glockenkurve"[23]: *„der Graph der Dichtefunktion einer Normalverteilung"*[24]
- „Disquisitiones generales circa superficies curvas"[25] (1827–1830): differentialgeometrisches Hauptwerk (Geometrie der gekrümmten Flächen)
- Potentialtheorie (1838)
- *„Beiträge zur Theorie der algebraischen Gleichungen"*[26] = „vierter Beweis des Fundamentalsatzes der Algebra"[27] (1849)

---

[14] Vgl. (Heimpel, Heuss und Reifenberg) S.27-28
[15] Vgl. (Wittmann) S.11-15
[16] (Wikipedia)
[17] (Wittmann) S.14
[18] Vgl. (Heimpel, Heuss und Reifenberg) S.27-28
[19] Vgl. (Wittmann) S.11-15
[20] (Carl Friedrich Gauß)
[21] (Heimpel, Heuss und Reifenberg) S.28
[22] (Bitsch, Freudigmann und Reinelt)
[23] (Schülerduden, Mathematik) S. 145
[24] (Schülerduden, Mathematik)S.151
[25] (Wittmann) S.14
[26] (Wittmann) S.15

2.   Das Gauß-Verfahren

Der Gauß-Algorithmus oder das Gauß'sche Eliminationserfahren[28]

a. Definition: lineares Gleichungssystem

„die Zusammenstellung mehrerer linearer Gleichungen, die gleichzeitig erfüllt werden sollen"[29]

„Ein lineares Gleichungssystem hat entweder genau eine Lösung oder keine Lösung oder unendlich viele Lösungen"[30]

b. Voraussetzungen[31][32]

- das LGS (lineare Gleichungssystem) liegt in Normalform vor, d.h. die Reihenfolge der Variablen ist in allen Gleichungen gleich
- gleiche Variablen untereinander
- Gleichheitszeichen untereinander
- Konstanten stehen rechts vom Gleichheitszeichen
- es handelt sich um äquivalente LGS[33] :
    - 2 Gleichungen können vertauscht werden
    - eine Gleichung kann mit einer Zahl c ≠ 0 multipliziert werden
    - eine Gleichung kann durch die Summe/Differenz eines ihrer Vielfachen und eines Vielfachen einer anderen Gleichung (des Systems) ersetzt werden
- *„Zwei lineare Gleichungssysteme sind genau dann äquivalent, wenn sie beide die gleiche Lösungsmenge besitzen."*[34]

c. Verfahrensweise bei Rechnen von Hand[35][36][37]

1. Die Gleichungen werden so vertauscht, dass in der 1. Gleichung die 1. Variable vorhanden ist (falls nötig).
2. Die 1. Gleichung wird jedes Mal unverändert übernommen.
3. Unter Verwendung der 1. Gleichung wird die 1. Variable aus allen anderen Gleichungen eliminiert, und zwar, indem die 1. Gleichung entsprechend vervielfältigt wird und zu den anderen Gleichungen addiert wird.
4. Jetzt werden die ersten beiden Gleichungen unverändert übernommen (neue Bezugsgleichung: die 2. Gleichung)

---

[27] (Universität Hamburg)
[28] Vgl. (Abiturhilfen) S.10
[29] (Schülerduden, Mathematik) S.255
[30] (Bitsch, Freudigmann und Reinelt) S.214
[31] Vgl. (Abiturhilfen) S.10
[32] (Bossek und Weber) S.82
[33] Vgl. (Bitsch, Freudigmann und Reinelt) S.210
[34] (Bossek und Weber) S. 82
[35] Vgl. (Abiturhilfen) S.10 - 14
[36] Vgl. (Bitsch, Freudigmann und Reinelt) S.210 - 211
[37] Vgl. (Bossek und Weber)

5. Es wird so verfahren wie zuvor mit der 1. Gleichung: Die 2. Variable wird aus den übrigen Gleichungen eliminiert.
6. Analog wird nun die 3. Gleichung übernommen und als Eliminationsgleichung für die 3. Variable benutzt.
7. Dies wird nun solange durchgeführt, bis das LGS in Dreiecksform vorliegt, d.h. wenn jede Gleichung mindestens eine Variable weniger enthält als die Gleichung darüber.
8. Schlussendlich wird die Lösung der untersten Gleichung ermittelt und in die nächsthöhere Gleichung eingesetzt. Es wird also „von unten nach oben" nach der jeweiligen Variablen aufgelöst, d.h. rückwärts eingesetzt.

Beispiel 1[38]: LGS mit n Gleichungen und n Variablen

$$
\begin{array}{rcrcrcrcr}
 & y & - & z & + & 2u & = & 8 \\
x & + 2y & - & z & + & u & = & 6 \\
-x & + y & + & 3z & + & 2u & = & -1 \\
x & + 5y & - & 4z & + & 2u & = & 15
\end{array}
$$

Ordnen und benennen:

I	x	+ 2y	-	z	+	u	=	6	1. Bezugsgleichung
II	-x	+ y	+	3z	+	2u	=	-1	
III	x	+ 5y	-	4z	+	2u	=	15	
IV		y	-	z	+	2u	=	8	

$\Leftrightarrow$

I a	x	+ 2y	-	z	+	u	=	6	I übernommen
II a		3y	+	2z	+	3u	=	5	II a = I + II
III a		3y	-	3z	+	u	=	9	III a = $(-1) \cdot$ I + III
IV a		y	-	z	+	2u	=	8	IV übernommen

$\Leftrightarrow$

---

[38] (Bossek und Weber) S.83

I b	x	+	2y	-	z	+	u	=	6	I übernommen
II b			3y	+	2z	+	3u	=	5	II übernommen
III b					- 5z	-	2u	=	4	III b = (-1) · II a + III a
IV b					5z	-	3u	=	- 19	IV b = II a + (-3) · VI a

$\Leftrightarrow$

I c	x	+	2y	-	z	+	u	=	6	I übernommen
II c			3y	+	2z	+	3u	=	5	II übernommen
III c					- 5z	-	2u	=	4	III übernommen + IV b
IV c							-5u	=	- 15	IV c = III b + IV b

nach der letzten Variable auflösen und weiter eingesetzt (von unten nach oben) ergibt sich:

$$L = \{1; 0; -2; 3\}$$

Koeffizientenmatrix:
- zur Vereinfachung der Schreibweise
- zu Beispiel 1:

$$\left(\begin{array}{cccc|c} 1 & 2 & -1 & 1 & 6 \\ -1 & 1 & 3 & 2 & -1 \\ 1 & 5 & -4 & 2 & 15 \\ 0 & 1 & 1 & 2 & 8 \end{array} \right)$$

d. Verfahrensweise bei der Rechnung mit dem CAS[39][40]:

Der CAS- Rechner führt die oben angegeben Schritte auf einmal durch. Mit rref wird die Koeffizientenmatrix eingegeben. Jede Zeile wird mit einer eckigen Klammer abgetrennt.

rref([[1,2,-1,1,6][-1,1,3,2,-1][1,5,-4,2,15][0,1,-1,2,8]])

Das Ergebnis kann abgelesen werden, wenn die Diagonalform vorliegt. Für Beispiel 1 sieht diese wie folgt aus:

$$\left(\begin{array}{ccccc} 1 & 0 & 0 & 0 & 1 \\ 0 & 1 & 0 & 0 & 0 \\ 0 & 0 & 1 & 0 & -2 \\ 0 & 0 & 0 & 1 & 3 \end{array} \right)$$ Die Lösungsmenge ist sofort erkennbar bzw. ablesbar.

---

[39] Vgl. (Bitsch, Freudigmann und Reinelt) S.211
[40] Vgl. (Abiturhilfen) S.14

e. Lösungsmengen[41]

Gleichungssysteme mit genau einer Lösung:

Wie Beispiel 1 zeigt, hat das LGS genau eine Lösung, wenn mindestens soviele Gleichungen wie Variablen vorliegen. In der Dreiecksform enthält die letzte Gleichung nur noch eine Variable.

Das Gauß-Verfahren kann auch auf LGS angewendet werden, die aus weniger oder mehr Gleichungen als Variablen bestehen.

Gleichungssysteme mit keiner Lösung:

Wenn die unterste Gleichung nach Umformung in die Dreiecksform keine Variable mehr besitzt und falsch ist, so besitzt das LGS keine Lösung. Meist liegen mehr Gleichungen als Variablen vor.

Bei der Berechnung mit dem CAS äußert sich dies wie folgt:

$$\begin{bmatrix} 1 & 0 & 0 \\ 0 & 1 & 0 \\ 0 & 0 & 1 \end{bmatrix}$$ Die letzte Zeile entspricht der Gleichung 0 = 1

Wenn die Matrix in der letzten Zeile nur Nullen hat, bis auf den letzten Eintrag, so ist die Lösungsmenge: L = { }

Gleichungssysteme mit unendlich vielen Lösungen:

Wenn in der untersten Gleichung nach Umformung in die Dreiecksform mehr als eine Variable vorhanden ist, dann hat das LGS unendlich viele Lösungen.

Das Ergebnis wird in Abhängigkeit von Parametern angegeben, in dem man die überzähligen Variablen durch Parameter als „Werte" ersetzt.

---

[41] Vgl. (Bitsch, Freudigmann und Reinelt) S.214/215

Literaturverzeichnis

Abiturhilfen. Lineare Algebra und analytische Geometrie. Bd. I. Mannheim: Dudenverlag, 2001.

Bitsch, et al. Lambacher Schweizer Kursstufe. Stuttgart: Ernst Klett Verlag, 2006.

Bossek, Dr. Hubert und Prof. Dr. habil. Karlheinz Weber, Abiturwissen Mathematik. Mannheim: Dudenverlag, 2007.

Carl Friedrich Gauß. 14. Oktober 2007 <http://www.mathematik.ch/mathematiker/gauss.php>.

Carl Friedrich Gauss - Ein Genie. 14. Oktober 2007 <http://www.genie-gauss.de/>.

Drittes Physikalisches Institut. Carl Friedrich Gauß. 2001. 14. Oktober 2007 <http://www.physik3.gwdg.de/dpi-geschichte/Gauss/Gauss.html>.

Duden. Schülerlexikon - Astronomie. 26. Dezember 2007 <http://www.schuelerlexikon.de/SID/32be892e846ab29d3911eece9a91df40/lexika/astronomie/index.htm>.

Genial Gauß Göttingen. 2005. 26. Dezember 2007 <http://webdoc.sub.gwdg.de/ebook/e/2005/gausscd/html/gauss_bio1.htm>>.

Heimpel, Hermann, Theodor Heuss und Benno Reifenberg. Die großen Deutschen. Frankfurt/M - Berlin - Wien: Verlag Ullstein GmbH, 1983.

Meyers. Online-Lexikon. 26. Dezember 2007 <http://lexikon.meyers.de/meyers/Geod%C3%A4sie>.

Schülerduden. Mathematik. Hrsg. Redaktion Schule und Lernen. Bd. I. Mannheim: Dudenverlag, 2004.

Schülerduden. Mathematik. Hrsg. Redaktion Schule und Lernen. Bd. II. Mannheim: Dudenverlag, 2000.

Universität, Hamburg. Carl Friedrich Gauß. 27. Dezember 2007 <http://www.math.uni-hamburg.de/spag/ign/gauss/gaussbio.html>.

Wikipedia. Heliotrop. 26. Dezember 2007 <http://de.wikipedia.org/wiki/Heliotrop_(Messger%C3%A4t)>.

Wittmann, Axel. „Wie der Blitz einschlägt, hat sich das Räthsel gelöst." 2005. Tabellarischer Lebenslauf von Carl Friedrich Gauß. Hrsg. Elmar Mittler. 26. Dezember 2007 <http://webdoc.sub.gwdg.de/ebook/e/2005/gausscd/html/hauptmenue.htm>.

Anhang

Abbildung 2[42]

Abbildung 3[43]

---

[42] (Drittes Physikalisches Institut); Portrait von Gottlieb Biermann (1887)
[43] (Carl Friedrich Gauss - Ein Genie)